Pierwiastków Chemicznych

Okresowego

W niemal nieskończone przedmioty i materiały wokół nas rzeczywistości składa się tylko z ograniczoną liczbą pierwiastków chemicznych . Wiemy dziś nie 91 istnieją naturalnie na Ziemi . Rozpoczynają się wodór, który powstał krótko powszechświat zaistniał . Pozostałe 90 były przez reakcji jądrowych zachodzących zarówno w rdzeniu spalających gwiazdkowych albokatastrofalna eksplozja zwane supernowe nie są czasem produkowane Kiedy gwiazdy. Kilka dodatkowych elementów są sztucznie w laboratoriach .

Każdy element zachowuje się inaczej i ma inne właściwości niż wszystkich innych. System porządkowania informacji dotyczących właściwości chemicznych elementów i związków chemicznych kształtowi jest niezbędna. Nowoczesny stół okresowe opiera się przede wszystkim na pracy rosyjskiego chemika Dmitrij Mendelejewa , którego tabela opublikowana w 1869 roku umieścił elementów poziomych rzędach postępowania zgodnie ding do ich masy z jednego wiersza poddrugą tak, nie wszystkie elementy o podobnych właściwościach, wpadł w pionowych kolumnach . W 20 wieku z wiedzy zdobytej na temat struktury atomu , prawidłowy sposób zamawiania elementy, które odkrył iobecny okresowy co sformułował .

Atom składa się z protonów , neutronów i elektronów są podstawowe elementy elementów . Angielski fizyk Henry Moseley demostrated co zrobił deterministyczny kopalniezachowanie każdego elementu jest jego liczba atomowa ,liczba protonów w jądrze , a nie jego atomicweight Co jest miarą ogólnej liczby protonów i neutronów w jądrze . Właściwy sposób zamawiania elementów w układzie okresowym Co więc przez ich liczbę atomową . Chociażatomem elementu GivenName mieć taką samą liczbę protonów mogą mieć różne liczby neutronów. Nazywane są izotopy i Ich istnienie wyjaśnia dlaczegomasa atomowa jestwiarygodnym wskaźnikiem pozycji elementu w układzie okresowym .

Elementy ułożone są w kolejności ich liczbach atomowych w rzędach zwane okresy . Porusza się od lewej do prawej, na okres, istnieje przejście elementów są metale zrobił thosethat są niemetale . Pionowe kolumny układu okresowego pierwiastków są nazywane grupami . Wszystkie elementy w obrębie grupy mają podobne właściwości chemiczne i są czasami określane przez jako rodzin elementów .

DLACZEGO elementów w grupie mają podobną CHEMICAL ZACHOWAŃ

Numer deterministyczne atomowe kopalnie ile ujemnie naładowane elektrony zawarte w atomie dany element i to jeststruktura elektronów krążących wokółjądra nie deterministyczne kopalni , jak elementy reagują ze sobą . Rozdzielenie elektronów wartościowości , albo zewnętrznej skorupy , atomu są narażone na drugim atomie whenthey reakcji . Elementów, których wartościowość muszle są całkowicie Zadzwoń pełne są niezwykle stabilne i wydają się reagować z prawie nic innego. Z niekompletnymi powłok ma tendencję do reagowania z innymi w taki sposób, atom thatwill pełnych powłok syntezy. Atomy o podobnej konfiguracji wartościowość -powłoka mają podobne właściwości chemiczne. Elementy z tej samej grupy układu okresowego ma taką samą liczbę elektronów walencyjnych .

Okresowego jest tomapa z sposób, w jaki układają się elektrony w atomie konkretnego elementu . Zdolność do przewidywania zachowania chemiczną elementu na podstawie wiersza i kolumny , w której znajduje się robi Okresowego nieocenionym narzędziem odniesienia dla praktyków nauki .

HYDROGEN
Liczba atomowa : 1
Symbol chemiczny : H
Grupa: 1A

Wodoru składa się z niczym więcej niż jednego protonu , który służy jako jego jądro , otoczone pojedynczego elektronu . Jego prostota pomaga wyjaśnić, dlaczego jest to zdecydowanie najbardziej powszechnych elementów , składających się na 93 % wszystkich atomu we wszechświecie . Wodór jest gazem nie ma zapachu ani smaku , Które jest całkowicie Zadzwoń Bezbarwny i bardzo flammable.The połączenie wodoru z tlenem produkuje najczęściej związek , water.Hydrogen jest więc zawarta w związkach organicznych, związków biologicznych występujących w organizmach żywych , w perfumach , barwniki, pestycydy, DNA i białka ! Lista jest długa !

HEL
Liczba atomowa : 2
Symbol chemiczny : On
Grupa VIIIa- Gazy szlachetne

Podobnie jak wszystkie gazy szlachetne , hel jest bezbarwny i odourless.Together wodór i hel , tworząc zadziwiającą 99,9% elementów wszechświata . Jego nazwa pochodzi od greckiego " Helios wykonać " , które oznacza " słońce " . Helem przed słońcem jest wytwarzany przez fuzję wodoru. Reakcja ta dostarcza energięsłońce promieniuje w przestrzeń tak. Hel ma niską gęstość , a zatem jest przydatny w blimps i zabawki balonów do jego wyporności w air.Astrnomers używać bardzo zimnej ciekłego helu do usunięcia z termicznego "Hałas" , ułatwiając i bardziej niezawodne , aby odbierać dane z odległych galaktyk .

LITOWE
Liczba atomowa : 3
Symbol chemiczny : Li
Grupa IA metali alkalicznych

Metalu litu jest bardzo reaktywny i łączy się z aluminium , tworząc małą gęstość , konstrukcyjnie mocny stop używany w samolotach i statkach kosmicznych . Dlatego jest stosowany jako bieguna dodatniego lub anody w małych baterii używanych w aparatach , rozruszniki serca i kalkulatorów . Wodorotlenku litu jestbardzo wydajny oczyszczacz powietrza . Pochłania CO_2 z powietrzem węglan litu . Litu ma najwyższą wydajność cieplną każdego elementu . Ta właściwość sprawia, że jest idealnym materiałem do wymiany ciepła i jest on stosowany w eksperymentalnych reaktorów jądrowych do absorbowania ciepła wytwarzanego przez fissioning uranu .
W medycynie węglan litu i cytrynian litu znane są jako bardzo skuteczne stabilizatory nastroju w choroby maniakalno- depresyjnej .

BERYLLIUM
Liczba atomowa : 4
Symbol chemiczny : Be
Grupa IIA- metale ziem alkalicznych

W czystej postaci , beryl jestlekki , dość twarde, szaro- biały metal . Podobnie jak wszystkie metale nie tworzą grupy ziem alkalicznych , to jest zbyt reaktywny chemicznie można znaleźć w stanie wolnym . Depozyty berylu mineralnej są rozłożone w Brazylii , Argentynie i Stanach Zjednoczonych . Kryształy berylu są znane ich ekskluzywny wygląd . Zarówno szmaragd i akwamaryna są naturalnie występujące cenne formy tego minerału . Beryl odegrała kluczową rolę w odkryciu neutronu w 1932 roku i nadal przydatne w badaniach na jądrach atomowych .

BOR
Liczba atomowa : 5
Symbol chemiczny : B
Grupa III

Bor jesttwardy, kruchy , niemetalowych elementów . Jest to zazwyczaj związane z tlenem , wodą i sodu w związku zwanego boraks nie jest stosowany jako środek czyszczący, i zmiękczania wody. Gdy woda zmiękczona ,magnez i wapń są zastąpione stosunkowo nieszkodliwe sodu i potasu. Innym związkiem boru jest borowy aced przemysłowych używane do Pyrex , specjalnego szkła odpornego na ciepło używane w kuchni . ' Pręty ' boru są niezbędne do wykorzystania reaktorów jądrowych . Mogą być obniżona do reaktora do pochłaniania neutronów ran sposób regulacji mocy wytwarzanych przez reaktor .

CARBON
Liczba atomowa : 6
Symbol chemiczny : C
Grupa IV

Węgla stanowi zaledwie 0,09 % skorupy ziemskiej masy , ale jestnajbardziej istotnym elementem dla życia na naszej planecie . Węgiel zawdzięcza swoją centralną pozycję w świecie organicznym, z możliwością jego atomu połączyć się z innym atomem węgla, nie tworzą długie łańcuchy proste lub rozgałęzione Albo są . Jeden szuka długo przykuty cząsteczkę w DNA znajdującego się w materiale genetycznym wszystkich istot żyjących . Element może występować w kilku formach zwanych allotropes naturalne . Węgiel występuje w postaciach alotropowych grafitu , węgla , a najbardziej spektakularny diamentu.

AZOTU
Liczba atomowa : 7
Symbol chemiczny : nie dotyczy
Grupa V

Azot jest pozbawiona właściwości stymulacji sensu i cały czas oddycha w dużych ilościach jak wdychać powietrze . Dominuje gazy w ziemskiej atmosferze tworzących jakieś 78 % objętości . Czerwienie formy azotu pies tysięcy związków, nie są niezbędne dla rolnictwa i przemysłu z najważniejszych nominalnej Real jest amoniak . W swojej formie gazowej , azotu jest często używany w sytuacjach, w których ważne jest , aby zachować inne, bardziej reaktywnych gazów atmosferycznych z dala . Na przykład preventDefault utlenianie wina butelek wina jest wypełniona azotem Często pousunięciu korka .

TLEN
Liczba atomowa : 8
Symbol chemiczny : O
Grupa VI

Tlen występuje w atmosferze, w wodzie , w skorupie ziemskiej w ogromnej różnorodności skał i minerałów . Jest ona niezbędna do życia i część każdej cząsteczki biologicznej w naszych ciałach . Mimo, że wiele naturalnych procesów zużywają tlen , jest stale uzupełniany przez fotosyntezy w roślinach Malthus stale spożywane i stale produkowane . Angielski chemik Joseph Priestley przypisuje się odkrycie tlenu . On ogrzewa się tlenek rtęci i zauważył, że niedało się gaz spowodował świecę do spalania z niezwykle błyskotliwej płomienia . Gazu, który tlen !

FLUORINE
Liczba atomowa : 9
Symbol chemiczny : C

Grupa VII-halogen
Fluor jestnajmniejszy , najlżejszy inajbardziej reaktywny halogen . Wszystkie atomu tej grupy łatwo połączyć z metalami tworząc sole. W wielu częściach świata fluorku sodu dodaje się do dostaw wody publiczne . Badania wykazały, tak małe ilości fluoru może

opóźniać powstawanie wgłębień w zębach . W obecności wodoru , fluoru pali Siła
wybuchu Wytwarzanie fluorowodoru , która po rozpuszczeniu w wodzie tworzy kwasu
fluorowodorowego . To jest bardzo niebezpieczne . Jednakże , jest on stosowany do
rozpuszczania szkła i służy do wytrawiania wzór na przedmioty szklane.

NEON
Liczba atomowa : 10
Symbol chemiczny : Ne
Grupa VIIIANoble - gaz

Neon jak wszystkich gazów szlachetnych jest mono atomowej . Znajome neony w
storefront skażenia okien gazu i świeci neon restauracji wtedy gdy jest zasilany przez
wyładowania elektrycznego na . Gdy to nastąpi, neon atom w gazie wydzielają
promieniowanie w postaci pomarańczowo-czerwonego światła . Różne gazy są
stosowane do wytwarzania różnych objawów colurs . Każdy gaz emituje swoją własną
charakterystykę Kiedy podekscytowany kolorów. Neon handlowy jest produkowany w
zakładach skraplania powietrza . Ponieważ neonowego o temperaturze wrzenia -229
stopni Celsjusza , pozostaje jako pozostałość pobardziej lotny azot i tlen są
odparowywany !

SODIUM
Liczba atomowa : 11
Symbol chemiczny : Na
Grupa IA- metali alkalicznych

Sód jestbardzo reaktywny metal, srebrzyste światło na tyle jasne , aby unosić się na
wodzie , a wystarczająco miękka do cięcia nożem . Jestczęścią wielu ważnych
związków znajdują Szeroko rozpowszechnione było na całej ziemi . Chlorek sodu
,nazwa chemiczna soli kuchennej jest wydobywany w ogromnych ilościach z
naturalnych złóż soli . Wodorowęglan sodu Powszechnie znany jako soda oczyszczona
jest używany do wzrostu Wypieki Przy ogrzewaniu lub ciasto Kiedy powstanie ciasto
pieczone . Dlatego też stosowane do zneutralizować nadmierną kwasowość żołądka i
na agenta w gaśnice .

MAGNEZ
Liczba atomowa : 12
Symbol chemiczny : Mg
Grupa II A- metale ziem alkalicznych

Magnez jest obecny w dużych ilościach w wodzie morskiej nie szukać na świecie
oceanów powstrzymywanie prawie nieograniczonej podaży rozpuszczonego materiału .
Jego wielką zaletą jest to, nie jest to bardzo lekki Jakie zatem sprawia, że idealnie
nadaje się do wytwarzania części samochodowych i samolotów , narzędzi

elektrycznych , obudowy kosiarki i rowery wyścigowe . Magnez jest tak ważne dla prawidłowego odżywiania u ludzi Bo to jest niezbędne do prawidłowego funkcjonowania wielu enzymów . Odgrywa zatem kluczową rolę w makijażu zielonego chlorofilu występuje we wszystkich zielonych komórek roślinnych .

ALUMINIUM
Liczba atomowa : 13
Symbol chemiczny Al
Grupa III

Zazwyczaj występuje w przyrodzie w połączeniu ze skorupą tlenu , aluminium jest najbardziej obficie metalu wziemi. Jest lekki i dobrym przewodnikiem elektryczności , dwie właściwości dostali się do idealnego składnika dla szerokiej gamy produktów . Jest to doskonały reflektor promieniowania i jest używany do różnych rodzajów anten , reflektorów ciepła i luster słonecznych . Oprócz pracy magisterskiej innych właściwości , aluminium jest dość reaktywny . Tworzy się warstwa tlenku nie uniemożliwia jej dalsze reakcje z otoczeniem , jak to nie jest zwykle uważany za odporny na korozję . Aluminium jest to nietoksyczny, bez zapachu i smaku .

SILICON
Liczba atomowa : 14
Symbol chemiczny : Si
Grupa IV

Związki krzemu związany z tlenem chemicznie tworzą większość z piasku, ska ziemi i gleby . Obecnie krzemu stanowi podstawę przemysłu mikroelektronicznego . Wykorzystanie chipów krzemowych w obwodach drukowanych pozwoliło kurczenia pokój wielkości komputery do nich nie może spoczywać na kolanach . Najważniejszym związkiem krzemu jest krzemionka , która istnieje w dwóch formach - kwarcu i krzemienia . Małe kamienie i kamienie półszlachetne są kryształy kwarcu z kolorowymi zanieczyszczeń. Krzemionka jest stosowany do wytwarzania szkła. Ceramika i silikonów również inne klasy związków na bazie krzemu.

PHOSPHORUS
Liczba atomowa : 15
Symbol chemiczny : P
Grupa VA

Fosfor odkryta przez jaki lekarz Hennig Brand w 1.669-ci On destylowany pozostałości z przegotowanej dół moczu i uzyskał coś , że świeciły w ciemności i stanął w płomieniach w gorącym powietrzu . Fosforu i emisji światła są połączone w milczeniu zjawiska znanego jako fosforescencji . Siarczek cynku jest materiałem fosforyzujące nie wydziela scintilla nia światła Kiedy uderza szybko poruszających się elektronów . Ten wpływ na powłokę rury telewizyjnego Tworzy obraz telewizyjny . Prawie wszystkie fosfor służy do kwasu fosforowego w handlu . Jego głównym zastosowaniem jest w produkcji nawozów , bez fosforu glebie jest jałowy . Powszechnie występują w dwóch formach tj. czerwony i żółty ,pierwszy służy do meczach bezpieczeństwa .

SIARKA
Liczba atomowa : 16
Symbol chemiczny : S
Grupa VI

Siarka jestniereaktywny metalu występuje w przyrodzie w stanie wolnym elementarnej Zarówno w formie szeroko rozmieszczonych rud i minerałów . Niektóre wspólne minerały Sulphur są gips tj. siarczan wapnia i piryt Często zwany " złotem głupców " . Oprócz wytwarzania nawozów sztucznych w Ich , znaczenie ochrony żywności , wybielaniu tkanin i metali czyszczących , związki siarki mają czerwone psów innych zastosowań w odzyskiwaniu metali z rud , co gumowe, detergenty , farby i barwniki oraz włókien syntetycznych . Rzeczywiście poziom danego narodu rozwoju przemysłowego jest deterministyczny wydobywa jego zużycia na mieszkańca Sulphur .

CHLORINE
Liczba atomowa : 17
Symbol chemiczny : Cl
Grupa VII-halogen

Chlor jestżółto zielony dwuatomowy trujący gaz . Wdychanie nawet niewielkiej ilości może spowodować poważne traktowanie szkody . Toksyczność chlor czyni go doskonałym do dezynfekcji basenów i zaopatrzenia w wodę . Ważnym związkiem chloru jest chlorowodór ,gaz rozpuszcza się w wodzie z wytworzeniem zrobił kwasu solnego. Kwas solny jest obecny w soku żołądkowym w żołądku , gdzie jest on potrzebny do aktywacji enzymów białkowych trawienie . Duże ilości chloru havebeen stosować do wytwarzania środków owadobójczych . Wiele z nich zostało niedawno zakazane , ponieważ są uznawane za zanieczyszczenia środowiska .

ARGON
Liczba atomowa : 18
Symbol chemiczny : Ar
Grupa VIIIANoble - gaz

W 1894 roku ,pierwszy gaz szlachetny argon Stał na odkrycie. Jej zastosowania komercyjne wykorzystanie jego brak reaktywności . Argon jestproduktem rozpadu ważnego radio- izotopów stosowanych do randki próbki skał , technika potasu - 40.The nazywa potas - argon randki . Potasu HAS do niezwykle długi okres półtrwania 01:25 miliardów lat i jest obecna w wielu skał . Kiedy potasu 40 rozpada , to zamienia się w atmosferze argonu . W związku z tym można deterministycznie kopalni wiek skale przez deterministyczny górnictwie ile argon jest obecna . Najstarsze skały na ziemi zakończyła wydobywany tą metodą przykładowo 3,8 miliarda lat .

POTASU
Liczba atomowa : 19
Symbol chemiczny : K
Grupa IA alkaliczne Metale

Potas jest bardzo reaktywny stąd nie znajduje się w jego stanie wolnym w przyrodzie . Okaże się w morskiej wodzie, ale w mniejszych ilościach niż sód jego odpowiednik chemiczny . Potasu jest niezbędna dla wzrostu roślin, a więc dużo potasu w rozpuszczone minerały jest pobierany przez rośliny przed dotarciem do morza. Naturalnie występujących izotopów potasu jest potssium - 40.Human ciało zawiera 140 gramów potasu . Ponieważbogactwo potasu -40 jest 0,012 procent , wszyscy składają się częściowo tym reaktywnego izotopu . To jestgłównym czynnikiem przyczyniającym się do naszego życiu dawki promieniowania

CALCIUM
Liczba atomowa : 20
Symbol chemiczny : Ca
Grupa II A- metale ziem alkalicznych

Wapń jestważnym składnikiem w szerokim zakresie organizmów żywych. Ludzkie kości i zęby wapnia i powstrzymywanie narządowych ich utworzenia morskich muszli węglanu wapnia . Wapno,związek wapnia jestniezbędny dla przemysłu substancją chemiczną . Jednym z jej pierwszych używa co w teatralnym oświetleniem . W przypadku wapna ogrzewa się do wysokiej temperatury , wydziela się intensywnie niebieskawo białe światło. Został wykorzystany w początku 19 wieku do oświetlania aktorów dających podstawy do wyrażenia " w centrum uwagi ". Prawdopodobnienajważniejszym nowoczesne zastosowanie wapna w produkcji żelaza , od rud .

SCANDIUM
Liczba atomowa : 21
Symbol chemiczny : Sc
Grupa iii B Pierwszy wiersz Element przejściowy

Skand kieruje pierwsze elementy przejściowe wiersz . Wszystkie są dość niereaktywne metale i wiele z nich jest bardzo niebezpieczne . Skand jestbardzo lekki metal o stosunkowo wysokiej temperaturze topnienia, i wykazuje dobrą odporność na korozję. Te właściwości sprawiły, że bardzo interesujące dla przemysłu lotniczego do budowy samolotu . Skand tworzy kilka przydatnych związków . Metal Itself znalazła zastosowanie w urządzeniach elektronicznych , takich jak : wysokie natężenie światła nie wytwarzają światło o kolorze zbliżonym do wartości naturalnego światła słonecznego o nie. Lampy tego typu są często wykorzystywane do oświetlania stadionów piłkarskich.

TITANIUM
Liczba atomowa : 22
Symbol chemiczny : Ti
Grupa IV elementem B przejście Pierwszy wiersz

Tytanu w stanie czystym jest metal nie jest łatwo pracować i dość sferoidalnego lub mogą być wciągane do drutu . Mimo jego lekkiej wagi , jest niezwykle mocny i praktycznie odporne na zwykłe rodzaju zmęczenie materiału . Ma zatem niezwykłej odporności na korozję , tak to się ma wszelkie własności potrzebne , aby go idealnym materiałem do silników odrzutowych i rakiet . Najważniejszym związkiem jest dwutlenek tytanu,substancję o intensywnym kolorze białym brylantowy nie stosuje się jako pigment do farb , papieru oraz tworzywa sztucznego.

VANADIUM
Liczba atomowa : 23
Symbol chemiczny : V
Pierwszy wiersz grupa VB Element przejściowy

Wanad jestjasny , błyszczący metal, nie jest dość miękka i wyjątkowo odporne na korozję . Meksykańska profesorem mineralogii mianowicie Andresa Manuela del Rio Odkryte wanad w 1801 . Później nazwany po skandynawskiej bogini Vanadis ze względu na wiele pięknie zabarwionych związków . Około 80 % wanadu wytworzonego w USA przechodzi do produkcji stali.

CHROM
Numer atonicznych : 24
Symbol chemiczny : Cr
Grupa VI B Pierwszy wiersz Element przejściowy

Chrom , który nazwany od greckiego słowa " chroma ", co oznacza kolor. Piękny kolor z wielu kamieni szlachetnych - czerwień rubinów ,charakterystyczna zieleń szmaragdów - jest Owings obecności śladowych ilości chromu . Metal jest zwykle pochodzących z chromit z tlenków chromu nie jest jego najważniejszym rudy . Po wystawieniu na działanie powietrza , chrom tworzyniewidzialne tlenku nie daje wyjątkowo odporny na korozję i bardzo użyteczne jako ochronne i dekoracyjne powłoki na obu innych metali , takich jak : mosiądzu , brązu lub stali . Chrom jest więc stosowany do wytwarzania stali nierdzewnej.

MANGAN
Liczba atomowa : 25
Symbol chemiczny : Mn
Grupa VII B Pierwszy wiersz Element przejściowy

Mangan jesttwardy metal szaro-biały , który wygląda i ma wiele właściwości podobnych do żelaza . Dodanie manganu do stali sprawia, że jest niezwykle twarde i odporne na wstrząsy . Szukaj stali jest idealny do stosowania w luf karabinowych , skarbców , tory kolejowe , i Górnicze . Tak więc manganu zwiększa twardość , wytrzymałość i odporność na korozję stopów aluminium i magnezu. Związek nadmanganian potasu ma purpurowy kolor nie jest czasami postrzegane w zabytkowej szkła . Chociaż producenci nie używać szkła manganu , jego zdolność do koloru obiektów służy do rozjaśnienia ceramiki i ceramiki .

IRON
Liczba atomowa : 26
Symbol chemiczny : Fe
Grupa VIII B Pierwszy wiersz Element przejściowy

Żelazo jest prawdopodobnie najczęściej metalu w ludzkim społeczeństwie . Czy jesteśmy za pomocą śrubokręta lub jazdy samochodem lub pociągiem, , znaczenie i przydatność żelaza jako materiału konstrukcyjnego jest oczywista . Wnętrze Ziemi znanego jako rdzeń wykonany jest z roztopionego żelaza . Umiejętność ulepszyć metal był to kamień milowy w rozwoju człowieka znanego jako epoki żelaza (1000 pne) . Jego odkrycie prowadzi do narzędzi i broni nie były trudniejsze i bardziej trwałe niż te z epoki brązu . Dziś ponad 90% wszystkich rafinowanych metali jest żelazo .

COBALT
Liczba atomowa : 27
Symbol chemiczny : Co
Grupa VIII B Pierwszy wiersz Element przejściowy

Głównym rudy kobaltu jest cobaltite . Czysty metal jest otrzymywany przez prażenie ten rudy . Nazwa pochodzi odkobaltu niemiecki ' imp execute " , które odnosi się do złego ducha . Górnicy często, że wypadki, które nastąpiły w głowie były spowodowane " goblin " . Kobalt jest dodawany do stali w celu poprawy jego odporności na korozję . Gdy kobalt jest mieszana z wolframu i miedzi , tworzy Stellite ,metalu czy zachować swoją twardość w zastosowaniach wysokie temperatury co czyni go idealnym do wierteł i narzędzi wysokiej prędkości cięcia . Jak żelazo kobalt jest łatwo Namagnesowana . Potężna substancja magnetyczna znany jako Alnico to stop kobaltu , aluminium i niklu .

NIKIEL
Liczba atomowa : 28

Symbol chemiczny : Ni
Grupa VIII B Pierwszy wiersz Element przejściowy

Niklu często dodawane do innych metali takich jak : żelazo i stal do tworzenia stopów , odporne na utlenianie. Nichrommetalu używane do elementów grzejnych w tostery i kuchenek elektrycznych jestze stopu chromu i niklu . Wysoka odporność elektryczna nichromem w połączeniu z wysoką temperaturą topnienia sprawia, żebardzo skuteczny materiał do konwersji energii elektrycznej na ciepło . Ważnym zastosowaniem metalu jest w akumulatorach niklowo -kadmowych . Ta bateria wielokrotnego ładowania co sprawia, że szczególnie przydatne w kalkulatory , komputery i bezprzewodowych golarek elektrycznych .

MIEDŹ
Liczba atomowa : 29
Symbol chemiczny : Cu
Grupa IB Pierwszy wiersz Element przejściowy

Zna zastosowanie wody w rurach nie nosić wodę do kuchni . Ponieważ miedź jest jednym z najlepszych przewodników elektryczności , przewody miedziane są szeroko stosowane do przesyłania energii elektrycznej z elektrowni do domów , biur, fabryk i innych budynków i od gniazdka do urządzeń elektrycznych . Miedzi , co kiedyś , aby przyciski dla kurtek mundurowych dla policjantów, stądpotoczna " miedzianych " dla policji . Mosiądzu , ze stopu miedzi i cynku ma szeroką gamę zastosowań, od sprzętu do cynku .

CYNK
Liczba atomowa : 30
Symbol chemiczny : Zn
I grupa B Pierwszy wiersz Element przejściowy

W stanie czystym , cynk jesttwardy, kruchy , srebrzyste metalu . Jest odporna na korozję i stosunkowo szybko tworzytwarda powłoka tlenku nie zapobiega Reagując Ponadto z powietrzem . W procesie zwanym galwanizacji ,warstwa cynku jest powlekana na stali do preventDefault korozję. Metal ma wiele innych zastosowań. Jednym znajważniejszych jest wspólnym baterii suchych komórek. Od 1981 doręczany cynku jako głównego metalu w grosza USA. Cynk jest więc w połączeniu z miedzią, tworząc mosiądzu .

gal
Liczba atomowa : 31
Symbol chemiczny : Ga
Grupa IIIpostu metali przejściowych

Galu jestbardzo miękki metal o bardzo niskiej temperaturze topnienia, i w bardzo wysokiej temperaturze wrzenia 2403 stopni Celsjusza . Zakres temperatur zastosowań w które galu ciekła jestduża największym dowolnego znanego metalu. To sprawia, że przydatne do specjalnego termometru wysokiego stopnia. Do niedawna znane były kilka praktycznych zastosowań galu . Zmieniło sięszybko zrobił odkrycie postępować diodę laserową arsenku galu w funkcji można bezpośrednio i konwersji energii elektrycznej na światło lasera . Diody świecące są stosowane w różnych zegarków i odtwarzacze płyt automatycznego .

GERMANOWA
Liczba atomowa : 32
Symbol chemiczny : Ge
Grupa IVmetaloid

German jeststosunkowo rzadkie ciemnoszary stałych element . Nigdy nie występuje w czystej postaci w naturze , ale w połączeniu z tlenem . Germanu nazywapółprzewodników . Dodanie niewielkiej ilości zanieczyszczeń znacznie zwiększa jego zdolność do przewodzenia elektryczności . Germanu " domieszką " jest używany do tranzystory nie są w centrum stałego elektronicznego przemysłu państwowego . Z domieszkowanie najmniej tysięcy tranzystorów może być teraz formowana jest na małym chipie germanu, które staje się wmały komputer . Materiały wyszukiwania umożliwiłyrewolucja w elektronice miniaturyzacji .

ARSENIC
Liczba atomowa : 33
Symbol chemiczny : Ace
Grupa VA metaloid

Arsen jestkruchy , krystaliczne ciało stałe w temperaturze pokojowej. W tej postaci tlenek arsenawego jestdobrze znane trucizny . Jest on stosowany jako zabójca chwastów i owadobójczym. Arsen jak trucizna wyobraźnię niejednego pisarza przestępczości . Przed ostatnim postępom technik kryminalistycznych , że to, co niemożliwe do wykrycia w ciele ofiary . Mimo, żetrucizna , związki arsenu były używane do celów leczniczych , jak również, najbardziej znany samopoczucie '606 ' opracowany przez Paula Ehrlicha jako lekarstwo na syfilis .

SELEN
Liczba atomowa : 34
Symbol chemiczny : Se
Grupa VImetaloid

Minerały selen nośne są zbyt skąpe , aby być eksploatowane z zyskiem . Ponieważmetaloid występuje w towarzystwie z miedzi i siarki , prawie wszystkie selen odzyskuje się jako produkt uboczny bye rafinacji miedzi i do wytwarzania kwasu siarkowego. Selen występuje w dwóch formach - czerwony i szary . Szary selen światłoczuły jestsens tak Chociażsłabym przewodnikiem elektryczności zwykle , staje się i doskonałym przewodnikiem w obecności światła . To sprawia, że selen cenne jak czujnik światła w robotyce i metrów światła .

BROMU
Liczba atomowa : 35
Symbol chemiczny : Br
Grupa VIIhalogenowe

Brom jest cieczą czerwono z ostrym zapachem . Jego nazwa pochodzi od greckiego znaczenia bromos smrodu . Bromu znajduje się w wodzie morskiej , podziemnych kopalniach soli i głębokich studni solankowych . Głównym zastosowaniem bromu jest w produkcji dodatku do benzyny o nazwie bromek etylenu . Związek ten dodatek usuwa główną po spalania benzyny zapobiegając powstawaniu złogów ołowiu. Brom jest bardzo toksyczny i oparzenia skóry . Więcej na jego szkodliwych oparów może uszkodzić nos i gardło .

KRYPTON
Liczba atomowa : 36
Symbol chemiczny : Kr
Gaz Grupa VIIIANoble

W 1933 r. Linus Pauling zakwestionowałpomysł nie gazy szlachetne są chemicznie obojętne . Istnienie związku Przepowiedział kryptonu i fluoru , która potwierdziła w 1966 roku . Krajobraz Krypton jestbezwonny, bez smaku , bezbarwny gaz całkowicie Zadzwoń nieszkodliwe . Jego głównym zastosowaniem jest w światłach " neon " nie sączęściąnowoczesnej . Kiedy zamknięte w szklanej rurce i poddana działaniu wyładowania elektrycznego , krypton Tworzy blady kolor fioletowy używany pas startowy lotniska i podejścia świateł . Krypton jest zatem mieszać z ksenonem w wysokiej intensywności , krótki ekspozycji fotograficznych żarówek błyskowych lub światła stroboskopowe .

rubid
Liczba atomowa : 37
Symbol chemiczny : Rb
Grupa IA alkaliczne Metale

Rubidu jestsrebrzyste , bardzo reaktywny metal, bardzo miękkie nie oparzenia spontanicznie pod wpływem powietrza . Dlatego Reaguje gwałtownie z wodą daje się duże ilości wybuchów wodoru w płomieniach natychmiast zrobił powodu ciepła wytwarzanego w reakcji . Rubidu jest zbyt reaktywny istnieć jako czysty metal w

przyrodzie i kilka minerałów rubidu nośne są znane . Rubidu ma wartości handlowej .
Metalowa rzecz Odkryte w 1861 roku przez niemieckich chemików Roberta Bunsena i
Gustav Kirchhoff . Zidentyfikowano go jako linii widmowych w nieczystości wśród wielu
metali alkalicznych theywere śledczego .

STRONTU
Liczba atomowa : 38
Symbol chemiczny : Sr
Grupa IIA metale ziem alkalicznych

Stront jest mało komercyjne wykorzystanie i jego związki znalazły tylko ograniczone
zastosowanie w przemyśle . Ponieważ sole strontu : takie jak węglan strontu wydzielają
charakterystyczny czerwony kolor whenthey palą , są one wykorzystywane w flar
ostrzegawczych autostrady i fajerwerków . Jeden z izotopów strontu Sr- 90
jestradioaktywny przez produkt wybuchów jądrowych i może skazić duże obszary
środowiska poprzez opad z atmosfery . Od strontu - 90 jest produkowany Ilekroć
rozszczepienia uranu idzie pod operatorzy reaktorów jądrowych musi być stale na
baczności , aby preventDefault jego przypadkowego uwolnienia do środowiska .

itr
Liczba atomowa : 39
Symbol chemiczny : Y
Element przejściowy z grupy III B

Itr występuje w niewielkich ilościach w skorupie ziemskiej , ale skały przywiezione z
księżyca miał niespodziewanie wysoką zawartość itru . Gdy ich temperatura jest
obniżana tylkokilku stopni powyżej zera absolutnego prawie wszystkie metale nie
wykazują żadnej rezystancji elektrycznej . Aplikacje bardzo niskich temperaturach są
jednak niepraktyczne . W 1987 roku naukowcy ogłosili odkrycie związku itru , baru i
nadprzewodzących tlenku miedzi w temperaturze 93 stopni , co zrobił Kelvin . Pozostałe
mieszanki tego elementu są obecnie badane i nie jest optymizm, że jeden z nich
okazuje siępraktyczna wysoka temperatura nadprzewodnik .

ZIRCONIUM
Liczba atomowa : 40
Symbol chemiczny : Zr
Grupa IV B przejście elementu

Cyrkon jestsilna , wytrzymała metalowa . Jego zdolność do wysokich temperatur z
podstawą zastosowań czyni go idealnym składnikiem materiałów odpornych na ciepło w
statek kosmiczny . Najbardziej znany związek cyrkonu metalu jestcyrkon . To jest znana
od czasów starożytnych , a nawet , o których mowa przez w Biblii . Znaleziono w
szerokiej gamie kolorów klejnot, Gdykryształ jest cięte i szlifowane , że jest uważany

zapół szlachetnych . Cyrkon HAS niezwykle wysokim współczynniku załamania światła .
Z tego powodu , jego Bezbarwne kryształy mają niezwykły blask i są czasami używane
jako substytuty diamentów .

niobu
Liczba atomowa : 41
Symbol chemiczny : Nb
Grupa VB element przejściowy

Metal niobu miała istotne znaczenie w historii wysokiej nadprzewodnictwa temperatury.
Stop składający się z niobu i germanu ma możliwość z podstawą duże prądy
Pozwolenie na budowę magnesów nadprzewodzących do poszukiwania instrumentów
jak magnetyczny jądrowy
Skanery rezonansu stosowane w medycynie diagnostycznej . Niob dodaje się do stali
do zastosowań specjalnych . W zastosowaniach wysokich temperatur granice pomiędzy
małymi ziarnami uczynił się stali nierdzewnej osłabić i koroduje łatwo więcej niż reszta
stali . Dodatek niobu Zapobiega to sytuacjom stali pozwalające na stoisku z aplikacji
znacznie wyższe temperatury pod skrajnego stresu .

MOLYBDENUM
Liczba atomowa : 42
Symbol chemiczny : Mb
VI Przejście element grupa B

Molibden jesttrudne srebrzyste metalu . Dość duże złoża molibdenit znajdują się w
Kolorado, USA. Stal zawierająca molibden jest dobrze nadaje się do samolotów i
silników samochodowych części. Jest w stanie z temperaturą stoiska i zmian ciśnienia
w stale zachodzących w silniku . Z tego samego powodu jest on stosowany do
wytwarzania dział i działa . Jeden z izotopów promieniotwórczych , molibden - 99
stosowany jest w szpitalach do generowania technet- 99 , który jest bardzo przydatny
do robienia zdjęć narządów wewnętrznych po wewnętrznie .

Technetu
Liczba atomowa : 43
Symbol chemiczny : Tc
VII przejście element grupa B

Technetu copierwszy element , aby być produkowane w laboratorium z innego
element.Logically bierze swoją nazwę od greckiego teknetos znaczeniowych
sztucznych . Każdy izotop radioaktywny i rozpada się w celu utworzenia na izotop
innego elementu. Dziś reaktory jądrowe produkują jedną z najbardziej użytecznych
izotopów technetu Technet- 99m . Gdy wstrzykuje się do żyły pacjenta,izotop skupią się

w niektórych narządach i jego radioaktywność narazi płytę fotograficzną odsłaniając jak organy te funkcjonują .

RUTHENIUM
Liczba atomowa : 44
Symbol chemiczny : Ru
Element przejściowy z grupy VIII B

Ruten jestrzadką elementów nie jest zwykle odzyskiwany jakoprodukt uboczny w procesie rafinacji rudy platyny . Głównie rutenu stosuje się jako katalizator w procesach przemysłowych. Jest on używany jako katalizator wodoru Uzyskanie Bezpośrednio rozdzielających cząsteczki wody , a nie przez electrolysis.Rutheniumis zatem używane w jubilerstwie jako dodatek do utwardzania platyny i jest często dodawany do tytanu w celu poprawy jego odporności na korozję . Inne stopy rutenu są używane w punktach wieczne pióro i specjalnych styków elektrycznych .

RHODIUM
Liczba atomowa : 45
Symbol chemiczny : Rh
Element przejściowy z grupy VIII B

Rod jestrzadkie , bardzo ciężko srebrzysty szary metalu . Został odkryty przez Williama Wollaston w 1803 roku. Nazwał go po greckiego słowa różanym Rhodon Ponieważ wiele soli mają różowego koloru . Jest on stosowany w katalizatorami samochodów. Spaliny są głównym źródłem zanieczyszczenia powietrza . Konwerter katalityczny jest wypełniona małych perełek zawierające platynę katalizator , palladu i rodu , które przekształcają gorące spaliny nie przechodzą przez nich do produktów nieszkodliwych .

PALLADIUM
Liczba atomowa : 46
Symbol chemiczny : Pd
Element przejściowy z grupy VIII B

Pallad jestmiękki srebrzysty biały metal nie przypomina platynę . Jest niezwykle plastyczny i sferoidalnego . Interesującym zastosowaniem palladu pojawiły Gdy było nieoczekiwanie deterministyczny wydobywa tak jak to użyteczne w leczeniu raka przez hamowanie podział komórkowy i co relatywnie wolne od działań niepożądanych. Z pół życia zaledwie 17 dni,izotop palladium103 może dostarczać potężne dawki promieniowania do niszczenia raka , a następnie znikają potrochę więcej niż miesiąc .

SREBRNY
Liczba atomowa : 47
Symbol chemiczny : Ag

Grupa IB element przejściowy (Coinage Metal)

Srebro jest jednym z niewielu metali znajdują się w stanie wolnym w przyrodzie i jej symbol Ag pochodzi od łacińskiego słowa Argentum co oznacza srebro . To byłometalowe monety od czasów biblijnych, a może nawet wcześniej. Wszystkich metali , srebro jestnajlepszym przewodnikiem ciepła i elektryczności . Nie jest on zwykle stosowany w okablowaniu głównej powodu kosztów , ale powszechnie stosowany w produkcji wysokiej jakości urządzeń elektronicznych.

KADM
Liczba atomowa : 48
Symbol chemiczny : Cd
Grupa II B przejście elementu

Kadm jest obecny w wielkich ilości rud cynku zbadał zrobił to rajd genu Uważanyprzez produkt rafinacji cynku . Najważniejszym zastosowaniem metalu jest galwanicznego preventDefault stali przed korozją. Stosowany jest rzadziej niż cynk ponieważ jest mniej powszechna i ma skłonność do powodowania problemów zdrowotnych. Zdolność do absorpcji kadmu neutronów jest bardzo ważne , w konstrukcji prętów regulacyjnych reaktora jądrowego . Zatem , kadmu stosuje się jako czerwony i żółty pigment w tworzeniu farbami.

ind
Liczba atomowa : 49
Symbol chemiczny : W
Grupa IIIA po metalu przejściowego

Ind jestrzadko niebieskawo biały metal wystarczająco miękka , aby zostawić ślady Siebie Kiedy energicznie otarł innych metali . Czysta indu ma kilka zastosowań komercyjnych i to jest głównie używane w celu stop z innymi metalami . Stopy indu , srebra i indu i ołowiu są lepszymi przewodnikami niż srebro lub prowadzić sam. Więc znalazłem zastosowania w produkcji tranzystorów i fotokomórek . Folie indu często dodaje się do reaktorów jądrowych do kontrolowania reakcji jądrowej . Tempo, w jakim stają się radioaktywne folie teza służy jako cenne pomiaru reakcji zachodzących .

TIN
Liczba atomowa : 50
Symbol chemiczny : Sn
Grupa IVpostu metali przejściowych

Cyny , co spośród pierwszych metali wykorzystywanych przez człowieka . Stop brązu z miedzi i cyny do tego, co używane w Egipcie ponad 5000 lat temu . Dziś jest głównie stosowany jako środek stopowy i zrobić płytę cyny, która jest blacha stalowa pokryta cienką warstwą cyny . Ponieważ cyna zabezpiecza stal przed kwasów spożywczych , blasze , która używane do puszki na żywność , ale został już w dużej mierze zastąpione przez tworzywa sztucznego i aluminium . Jest to jeden z najbardziej metalu ciągliwego znane .

ANTYMON
Liczba atomowa : 51
Symbol chemiczny : SB
Grupa VA metaloid

Antymonu jesttwardy, kruchy , krystaliczny , szaro , solidny . Chociaż znane jako metal jestbardzo słabym przewodnikiem elektryczności. Rudy nie służy jako podstawowe źródło jestantymonitu mineralnej . Czarny związek , który stosuje się w czasach starożytnych , aby przyciemnić brwi kobiet. Najważniejszym zastosowaniem antymonu jest wspólne spotkania bezpieczeństwa . Szef trzymać meczu zawiera mieszaninę antymonu utleniających trisulfid i do środka chloran potasu : np. . Antymonu ma kilka innych zastosowań komercyjnych. Jak stopowego może zwiększyć powiększyć twardość wielu metali .

tellur
Liczba atomowa : 52
Symbol chemiczny : Te
Grupa VImetaloid

Tellur jestsrebrzysto- biały rzadki metaloid . W odróżnieniu od typowych metali , to jest kruche isłabym przewodnikiem elektryczności . Tellur jest jedną z niewielu elementów, nie łączy się ze złota. Związki Tworzy są nazywane złotym Telluride i one stanowią bardzo ważny element złota mając rud . Tellur jest często odzyskać jakoprodukt uboczny w udoskonaleniu złoto , a tym samym z miedzi. Szef wykorzystanie telluru jest jako dodatek do wyszukiwania na metale jak miedź i stal nierdzewna stworzyć na stopie nie jest łatwiejszy w obróbce niż oryginalny metalu .

JODU
Liczba atomowa : 53
Symbol chemiczny : I
Grupa VIIAhalogenowe

Jod jestkolor czarny , fioletowy znaleźć w wodorosty , studni solankowych oraz w morzu . Chociażtrucizny, jedna z jej najczęstszych zastosowaniach jest , aby środek antyseptyczny roztwór jodyną . Sole jodu dodaje się do soli kuchennej i paszy dla zwierząt . Odbywa się to w jod jest ważnym składnikiem hormonów tarczycy, tyroksyny wydzielany przez gruczoły i pomaga zapewnić funkcje gruczołów zrobił prawidłowo . Jodek srebra ma zdolność tworzenia ogromną ilość kryształów , aż milion miliard od gram - , które działają jako zarodki dla tworzenia kropli deszczu .

ksenon
Liczba atomowa ; 54
Symbol chemiczny : Xe
Gaz Grupa VIIIANoble

Xenon istnieje tylko w ilościach śladowych w atmosferze. Podobnie jak inne gazy szlachetne , że występuje w postacicząsteczek mono -atomowych nie ma zapachu lub przycisk koloru . W 1962 roku , Neil Bartlettchemik angielski dokonał pierwszego szlachetny związek gazu. Łączył ksenon i platyny sześciofluorek i ku jego zdziwieniu Otrzymany stały , żółto- pomarańczowy związek która składała się z cząsteczek o reflektory, platinim i fluoru . Do tej pory ksenon i krypton są tylko gazy szlachetne stanowią znane związki . Podobnie jak w innych gazów szlachetnych , ksenon jest stosowany w lampach wyładowczych elektrycznych do wytwarzania światła .

CEZ
Liczba atomowa : 55
Symbol chemiczny : Cs
Grupa IA alkaliczne Metale

Czysta cezu jestmiękkie metalowe znane. Jego skrajne reaktywność stało się użyteczne w usuwaniu niechcianych gazów z systemów próżniowych na przykład wewnątrz cylindra telewizji . Izotop cezu - 133 służy jako światowej oficjalnej miary czasu . Drugi jest mierzona w kategoriach promieniowania emitowanego przez atom cezu 133 Kiedy jest podeskcytowany na zewnętrznego źródła energii , a nie pod względem obrotów Ziemi wokół Słońca , jak kiedyś . Drugi opisywany jest jako czas, który upłynął od dokładnie 9192531770 drgań promieniowania emitowanego przez caesuim - 133 atomu .

BARIUM
Liczba atomowa : 56
Symbol chemiczny : Ba
Grupa IIA metale ziem alkalicznych

W postaci rozpuszczalnej soli , baru jest bardzo toksyczny. Z drugiej strony w nierozpuszczalnych formach jest nieszkodliwe dla organizmu ludzkiego. Radiologów użyciu siarczanu baru do badania pacjenta jelitowego siarczanem Xrays.Barium ma również szereg innych zastosowań w oparciu o ich małą rozpuszczalność w wodzie , a biały kolor. Jest on stosowany jako zabielacz na płytkach fotograficznych oraz jako wypełniacz w piśmie papieru , tworzyw sztucznych i włókien sztucznych . Baru metal ma kilka zastosowań komercyjnych Ze względu na jego gotowość do reakcji z tlenem i wilgocią .

lantan
Liczba atomowa : 57
Symbol chemiczny : La
Grupa III B Rare Earth element (lantanowców)

Lantan jest pierwszym elementem rzadkim serii ziemi . Powszechne jest znaleźć wiele rzadkich elementów zmieszane razem w jednym minerału . Prawdopodobnie najważniejszą zastosowanie związków lantanowców jest fabrykowania elektrod dla węgla o wysokiej intensywności lamp łukowych stosowanych w światłach wyszukiwania, studio oświetlenie i projektorów kinowych . Lantanu i jego izotopów znajdują się fragmenty powstają, gdy nie rozszczepiania uranu . To byłoodkrycie izotopów lantanu , jak również te z baru przez niemiecki chemik Otto Hahn nie doprowadzić do idei rozszczepienia jądrowego .

cer
Liczba atomowa : 58
Symbol chemiczny : Ce
Grupa III B pierwiastków ziem rzadkich (lantanowców)

Cer nazwany po planetoid : Ceres , która w 1801 Whose odkrycie spowodował wielkie poruszenie w świecie naukowym . Czystej postaci metalicznej ceru , co nie przygotowany do 1875 . Jestżeliwny szary metalu nie jest dość plastyczny i sferoidalnego . Związki ceru lantanu , takie jak te stosowane są w celu utworzenia na rynku elektrod o wysokiej intensywności lamp łukowych węgla . Tlenek ceru jest stosowany jako dodatek do asa w do ścian samoczyszczące pieców , w których wydaje się, że preventDefault gromadzeniu gotowania pozostałości .

prazeodym
Liczba atomowa : 59
Symbol chemiczny : Pr
Grupa III B pierwiastków ziem rzadkich (lantanowców)

Została odkryta przez Carl Auer von Welsbach , aby austriacki barona , który miał interes w mineralogii . Czystego metalu wydziela się z ich rud przez techniki wymiany jonowej . Proces wymiany służy do izolowania jeden rodzaj jonów , przez zastąpienie go innym . W jednym z takich procesówskładnik aktywny jestżywica składa się z dużych cząsteczek thathave struktury siatkowe . Żywica zawiera jony telefony luźno podłączone do sieci. Gdyroztwór zawierający inne jony przechodzi przez żywicę , należy wymienić te jony mobilny nie dyfundują wtedy do bramki .

neodymowy
Liczba atomowa : 60

Symbol chemiczny : Nd
III grupapierwiastków ziem rzadkich (lantanowców)

Jest to substancja magnetyczny używany do tworzenia niektórych z najbardziej silnych magnesów na świecie . Super magnesy są znane jako magnesy stalówka Jak one rozprzestrzenianiu się skażenia żelaza i boru jako well.they są tak silne, nie dwa małe magnesy z prasy po obu stronach własnej strony bez upadku . Nd magnes tylko pół cala średnicy jest wystarczająco silny, by reagować materiałów magnetycznych farb drukarskich stosowanych w papierowych pieniędzy i mogą być stosowane do wykrywania podrabianym. Dlatego też stosowane w róż kolorowe okulary !

prometu
Liczba atomowa : 61
Symbol chemiczny : Pm
Grupa III B pierwiastków ziem rzadkich (lantanowców)

Śladu prometu znaleziono na skorupie ziemskiej , ale został zidentyfikowany w widmie kilku gwiazd w mgławicy Andromedy . Jestsyntetyczne rzadko Elementy wykonane w akceleratorach i reaktorów jądrowych . Kiedy neodym jest poddawany intensywnym Obecnie promieniowania neutronowego w reaktorze , to jest konwertowany do prometu . 28 izotopy elementu dotychczas Zsyntetyzowano wszystkie będące radioaktywnego. Bardzo niewiele wiadomo o właściwościach chemicznych i fizycznych czystego prometu .

samar
Liczba atomowa : 62
Symbol chemiczny , Sm
Grupa III B Rare Earth element (lantanowców)

Główne rudy samar są bastnasite i monacyt . Rudy Monacyt Często zawierające aż 50 % ich wagi w ziem rzadkich występują w piaskach rzecznych w Indiach i Brazylii oraz na Florydzie plaży sand.in jego forma czysta samar Ma srebrzysto- biały połysk i jest dość odporny na utlenianie . Metal zapalają Jednakże spontanicznie w niskich temperaturach. Niektóre związki według tego elementu są stosowane do wytwarzania magnesy stałe. Tlenek samarudoskonałe absorber promieniowania podczerwonego i dodaje się do tego celu różnego rodzaju szkła i fosforu wrażliwego na podczerwień .

europ
Liczba atomowa : 63
Symbol chemiczny ; Eu
Grupa III B Rare Earth element (lantanowców)

Europ jest jednym znajrzadszych metali ziem rzadkich . W roku 1901 francuski chemik Eugene - Anatole Demarcay wreszcie samodzielnie na zanieczyszczenia w próbce samar - gadolinu hej co studiuje i Zidentyfikowane zanieczyszczenia, jako nowy element . Czysta europ jest dość miękki i srebrzysty biały . Jest to bardzo ciągliwa i jeden znajbardziej reaktywnych z metali ziem rzadkich. Tlenku europu jest dość szeroko stosowany jako dodatek do w celu poprawy efektywności czerwonego fosforu w telewizory i monitory komputerowe . Tak to jest wykorzystywane do zwiększania zwiększyć efektywność energetyczną świetlówek .

gadolin
Liczba atomowa : 64
Symbol chemiczny : Gd
Grupa IIIA Rare Earth element (lantanowców)

Dwa izotopy gadolinu są wśród najsilniejszych pochłaniacze neutronów . Choć Ich granice Niedobór użyć , są używane do produkcji prętów kontrolnych w reaktorach jądrowych . Jest ferromagnetycznego znaczenie nie jest bardzo " silnie Zafascynowany magnesów . Jednakże jego punkt Curie ,temperaturze, w której materiał magnetyczny utraci magnetyczna jest w przybliżeniu temperatury pokojowej. Udowodniono wartości w technice próbkowania wnętrze metali nazwie radiografii neutronowej . Jest on stosowany w linie i budowy statków przemysłu szukać ukrytych wad i słabości strukturalnych w kadłubach i kadłubów .

terb
Liczba atomowa : 65
Symbol chemiczny : Tb
Grupa III B Rare Earth element (lantanowców)

W czystej postaci metalicznej , terb jestsrebrzysto- biały, plastyczne , ciągliwe i wystarczająco miękka do cięcia nożem. Nosi podobieństwo do prowadzenia , ale jest o wiele cięższe . Jak ołów jest dość odporny na korozję . Związki terbium mieć zakłada zastosowanie w specjalnych laserów i jak fosfor nie produkować zielony kolor w kineskopach telewizorów i monitorów komputerowych . Inne zastosowania obejmują produkcję stopów o specjalnych właściwościach magnetycznych stosowanych w płytach kompaktowych oraz w produkcji ekranów o wysokiej rozdzielczości rentgenowskich .

dysproz
Liczba atomowa : 66
Symbol chemiczny : Dy
Grupa III B Rare Earth element (lantanowców)

Dysproz zajmuje dziewiąte miejsce w obfitości wśród pierwiastków ziem rzadkich w skorupie ziemskiej . Została odkryta w 1886 roku przez francuskiego chemika Paul-Emile Lecoq de Boisbaudran w próbce tlenku erbowy . On opiera swoją nazwę od greckich dysprositos słowa, które oznacza trudno dostać w Czystej dysprosium co niedostępne do 1950 Gdy nowoczesne technologie chemiczne . Zostały opracowane , takie jak oddzielenie jonowymiennej . Dysproz Przypomina większość innych metali ziem rzadkich . Jest wystarczająco miękka do cięcia nożem , posiada błyszczącą srebrzystą barwę i jest względnie stabilny w powietrzu .

holm
Liczba atomowa : 67
Symbol chemiczny : Ho
Grupa III B Rare Earth element (lantanowców)

W 1878 roku , dwa szwajcarskie naukowcy zauważyli charakterystyczne Holmium w linii widmowych , ale nie mógł ich zidentyfikować. Wezwali nieznanego źródła linii widmowych elementu X. Wkrótce potem w 1879 roku szwedzki chemik Per Teodor Cleve wyodrębnione i zidentyfikowane element podczas pracy z minerału zwanego Erbia . Czysty metaliczny holm , który nie był dostępny do niedawna posiada jasny srebrzysty kolor. Jest dość odporna na korozję w suchym powietrzu , ale matowieje w wilgotnym powietrzu , tworząc szybko tlenku żółtawy . Inne niż jej stosowania jako kolor do szkła , to ma kilka zastosowań komercyjnych .

erb
Liczba atomowa : 68
Symbol chemiczny : On
Grupa III B Rare Earth Element

Erb co Odkryte przez Carl Gustaf Mosander w żółtym tlenkiem on odizolowany od itru mineralnej . Mosander nazwanyelement szwedzkiej miejscowości Ytterbymiejscu dużych stężeń tlenku itru i erb . Głównymi źródłami erb sąksenotym minerały i euxerite . Erbu , jak również innych pierwiastków ziem rzadkich jest rzeczywiście zanieczyszczeń w rudach syntezy. Aplikacje komercyjne erb są raczej ograniczone . Jego tlenki są często dodawane do szkła i glazury do szkliwa ich różowy kolor . Szkło jest często używany do okularów i taniej biżuterii.

tul
Liczba atomowa : 69
Symbol chemiczny : Tm
Grupa III B Rare Earth element (lantanowców)

Tul topierwiastek ziem rzadkich nie jest bardzo rzadkie . Towystępuje w bardzo małych ilościach w towarzystwie innych metali ziem rzadkich . Szwedzki chemik Per Teodor Cleve Odkryte element nazwany w 1879 roku i to na Thule , starożytnej nazwy Skandynawii . Głównym źródłem tulu jestmonacyt mineralnych, które składa się z około 7/1000 z 1 % tulu . Ma kilka komercyjnych aplikacji oprócz używany w laserach . Jest to kosztowne , ale bardzo mało z metalem dostępna dla eksperymentów.

iterb
Liczba atomowa : 70
Symbol chemiczny : Yb
Grupa III B Rare Earth element (lantanowców)

Iterb ,pierwsza rzadko elementem do odkrycia znajduje się w skromnej liczebności w skorupie ziemskiej i zawsze w towarzystwie ziem rzadkich . Została odkryta przez francuskiego chemika Jean de Marignac w 1878 roku jako składnik minerału znanego jako Erbia i nazwie do szwedzkiej miejscowości Ytterby na podstawie jego wysokie stężenia erb . Czysty metal, który nie iterbu dostępne badania do 1953 roku . Jej zastosowania komercyjne są jako środka stopu ze stali nierdzewnej . Niektóre stopy, które w związku z tym używane w stomatologii.

lutet
Liczba atomowa : 71
Symbol chemiczny : Lu
Grupa III B Rare Earth element (lantanowców)

Choć nigdy oficjalnie opublikował swoje wyniki , US chemik Charles James jest obecnie uznawany odkryli w lutet 1907 . Praca upadku napoczątku 1900 roku na Uniwersytecie w New Hampshire , James stał się główną siłą w produkcji metali ziem rzadkich . On i jego uczniowie przetwarzać ton rudy i pracy poprzez krystalizacji do produkcji pojedynczej próbki . Lutetium czystym metalu jest trudne i kosztowne do przygotowania. To jestnajtrudniejszy inajcięższy pierwiastek ziem rzadkich . Brak zastosowania komercyjne zostały opracowane .

hafn
Liczba atomowa : 72
Symbol chemiczny : HF
Grupa IV B przejście elementu

Właściwości hafnu , jak również jej historia jest ściśle związana z cyrkonu . Wiele przewidział istnienie elementu 72 , alewszechobecność jego bliźniak chemicznej ingerować w jej identyfikacji . Podstawowym zastosowaniem hafnu opiera się na jednej z kilku różnic cyrkonu. Jego zdolność do pochłaniania neutronów termicznych czyni gożytecznym materiałem do prętów regulacyjnych reaktora . Główne zalety hafnu porównaniu z innymi materiałami pręta jest wytrzymałość i odporność na korozję. Niestety , w dość dużym reaktorzekoszt prętów hafnu mogą być 1 mln USD więcej .

TANTAL
Liczba atomowa : 73

Symbol chemiczny : Ta
Grupa VB element przejściowy

Tantal jestniezwykle trudne i bardzo heavy metal . Jego obojętność chemiczna
powoduje tantalu jest bardzo odporne na atak substancji w ciele ludzkim . Doprowadziło
to do wielu zastosowań w chirurgii stomatologicznej i medycznej . Tantalu jako środek
stopowy przyczynia się do odporności na korozję , twardość , ciągliwość i wysoką
temperaturę topnienia dla szeregu innych metali. Jeszcze innym ważnym Zastosowanie
tantalu jest w budowie małych , ale potężnych kondensatorów elektrolitycznych .
Kondensatory te są specjalnie przydatne w zminiaturyzowanych układów
elektronicznych czytał w sercu testowanych urządzeń, jak telefony komórkowe i
komputery.

ŻARÓWKI
Liczba atomowa : 74
Symbol chemiczny : P
Element przejściowy z grupy VIB

Jednym z najważniejszych zastosowań wolframu do wytwarzania włókien do wspólnego
żarówki. Wolfram ma najwyższą temperaturę topnienia -3 410 stopni C , a najwyższa
temperatura wrzenia 5900 stopni C - z dowolnego metalu . Wysokie temperatury w
zakresie aplikacji wolframu z elementów grzejnych w grzejniki elektryczne do dysz na
silniku rakietowym pojazdów kosmicznych . Energii elektrycznej przepływającej przez
zwojach drutu wolframu produkuje wystarczającą ilość ciepła , abyprzewód biały gorący .
Aby preventDefault metalu przed przegrzaniem, gazy obojętne : takie jak azot i argon
są zamknięte w bańce zawierającego włókno wolframu .

ren
Liczba atomowa : 75
Symbol chemiczny : Re
Grupa VIIB element przejściowy

Renu jednym znajrzadszych pierwiastków, które odkryto w rudach platyny przez
niemieckich chemików Ida Tacke Walter Nodack i Otto Carl Berg w 1925 roku .
Jestbardzo gęsty metal o srebrzystym połysku i szarym topnienia przekroczony tylko
wolframu i węgla . Jest topodstawę do stosowania renu w połączeniu z wolframem
dokonania termopary do pomiaru temperatury aplikacji tak wysokie, jak 2000 stopni C.
Ren jest stosowany głównie , jak w środek stopowy metali wytwarzania nie są odporne
na zużycie , takiej jak wymagane do zestyków elektrycznych i elektrody .

osm
Liczba atomowa : 76
Symbol chemiczny : Os.

Element przejściowy z grupy VIII B

Ponieważczystego metalu jest trudne do wykonania, osm Oft jest wykonany w postaci proszku , który jest następnie formowany w stałej masy przez ogrzewanie. Proszek utlenia się powietrzem i powoli emitowanego silnym zapachu toksycznego gazu zdolnego do spowodowania uszkodzenia płuc i skóry . Emisja jej trującego gazu tlenku czynikorzystanie z tetratlenkiem metalu niepraktyczne . Dodatków stopowych , jak to jednak jest zupełnie bezpieczne i stosowane głównie do twardych stopów z metali jak platyna i poszukiwaniu irydu . Stopy te są używane do kontaktów wyłącznika elektrycznego , igieł fonograficznych i porad wieczne pióro.

IRIDIUM
Liczba atomowa : 77
Symbol chemiczny : Ir
Element przejściowy z grupy VIII B

Iridium tokruche żółtawy biały metal szlachetny . Gen jest rajd znaleziono w rudy zawierające platynę lub nikiel . Oddzielając je od rud syntezy jestpracochłonne i kosztowne zadanie nie jest uzasadnione tylko przez jednoczesne odzyskiwanie platyny i niklu . Główny zastosowanie irydu jest w dodatku do tworzenia stopy platyny, czy wzrost zwiększyć twardość ostatnim metalem . Odporność na korozję Iridium czyni go tak przydatne w produkcji elementów nie wymaga absolutnej czystości : takie jak igły iniekcyjne i silników rakietowych .

PLATINUM
Liczba atomowa : 78
Symbol chemiczny : Pt
Element przejściowy z grupy VIII B (Precious Metal)

Wiele zastosowań platyny skorzystać z jego stabilności chemicznej i obojętności . Jest on stosowany w rafinacji ropy naftowej , stomatologii, przemysłu ceramicznego , przemysłu elektrycznego i elektronicznego , i jest wysoko cenione w tworzeniu biżuterii. Platinum jest tak użyteczne dla przemysłu motoryzacyjnego . Pomaga reakcje chemiczne nie oczyszczenia spalin pochodzących z silników pojazdów samochodowych, a konwersja tlenku węgla i niespalone paliwo do wody i dwutlenku węgla . Dodatkowopasek stopu irydu - platyny służy jako światowego standardu za kilogram , za jednostkę podstawową dla masy w systemie metrycznym .

ZŁOTY
Liczba atomowa : 79
Symbol chemiczny : Au
Grupa IB element przejściowy (Precious Metal)

Złoto jest przedmiotem obrotu na giełdach towarowych , a wahania jego ceny są uważane za na indeks kondycji gospodarki . Jest to najbardziej plastyczne i ciągliwe ze wszystkich metali . Dlatego, że jest tym samym jednym znajbardziej reaktywne , może podtrzymywać swój genialny blask. W przyrodzie złoto występuje zazwyczaj w postaci czystego metalu, jak i płatków, bryłek często . Jego czystość mierzona jako karatów . Czyste złoto mówi się, że 24 - karatowego złota . Bo to jest bardzo miękka , jednak większość złota biżuteria wykonana jest z 18 -karatowego złota .

MERCURY
Liczba atomowa : 80
Symbol chemiczny : Hg
Grupa II B przejście elementu

Rtęć jestjedynym metalem nie jest ciekły w temperaturze pokojowej, a ciecz pozostaje w bardzo szerokim zakresie temperatur i wygodny . Niektóre wspólne artykuły gospodarstwa domowego czy rtęć powstrzymywanie są termometry, barometr , termostaty, przełączniki ścienne i ciche świetlówki . Przemysłowe zastosowania rtęci m.in. pompy dyfuzyjne lampy rtęciowe i nie generują niebieskawe białe światła z oświetlenia ulicznego . Kolejną użyteczną właściwością rtęć jest ich zdolność do rozpuszczania innych metali w celu wytworzenia stopów , znane jako amalgamat . Dentyści często używać rtęci amalgamat srebra wypełnienie zębów .

TALU
Liczba atomowa : 81
Symbol chemiczny : TL
III grupapost - metal przejściowy

Wspólne źródło talu jest rafinacja cynku i ołowiu . Ten plastyczny i heavy metal jest bardzo aktywny i powoli niszczy w powietrzu . Tal i jego związki są bardzo toksyczne i nie ma dowodów, nie może wywołać raka . Nawet w kontakcie ze skórą może być niebezpieczne w bardzo niskich stężeniach Chociaż tal jest stosowany w leczeniu ringworms . Siarczan talu jestbezwonny i pozbawiony smaku trucizny zrobił to, co dawniej używany do zabijania szczurów i insektów , ale on został zakazany w wielu krajach.

LEAD
Liczba atomowa : 82
Symbol chemiczny : Pb
Grupa IV

Ołów jestbardzo plastyczny metal, można było łatwo pracował do naczynia wszelkiego rodzaju. Ołowiane monety i rzeźby zostały znalezione w egipskich grobowcach datowanych na 5000 pne . To jest w dużym stopniu używany do elektrod ołowianych akumulatorów . Ołów jest tak ważne, aby składnik lutu używanego do wykonywania połączeń elektrycznych na płytkach drukowanych w komputerach i telewizorach . Ekrany szklane telewizorów ograniczania prowadzenie tarczy widza przed promieniowaniem . W rzeczywistości każdy telewizor jest prawie pół kilograma ołowiu .

bizmut
Liczba atomowa : 83
Symbol chemiczny : Bi
Grupy metali przejściowych postu VA

Bizmut jestkruchy biały metal nie ma niewielki odcień żółtawy . Związek bizmutu subnitrate została wykorzystana jako w leków zobojętniających w leczeniu wrzodów . Tlenek bizmutu jestpopularny żółty pigment stosowany w kosmetykach . Jak bizmut woda jest jedną z niewielu substancji, nie rozszerza się zmienia z cieczy w ciało stałe . Ta właściwość jest używana do stopy , którego objętość jest stała whenthey utrwalić . Metale stopowe bizmutu mogą być stosowane do odlewów i formy nie zachowują swoje dokładne wymiary nawet po wypełnieniu roztopionych metali .

POLONIUM
Liczba atomowa : 84
Symbol chemiczny : Po
Grupa VImetaloid

Odkrycie polonu przez Marię i Piotra Curie w 1898 roku określa jeden z wielkich momentów w historii nauki , prowadzących do współczesnego pojęcia jądra atomowego oraz do zrozumienia jego struktury . Polon ma 27 znanych izotopów i wszystkie z nich są radioaktywne . Jeden najłatwiej dostępny jest polon 210 ,srebrzyste metaloid zrobił jest dość niestabilne i 100 tysięcy razy bardziej toksyczne niż cyjanek . W laboratoriach radiologicznychizotopowo mieszane ze sproszkowanym berylu jest często stosowana do wytwarzania dużych ilości neutronów bez stosowania reaktora jądrowego.

astat
Liczba atomowa : 85
Symbol chemiczny : Na
Grupa VIIhalogenowe

Małe ilości Astatine istnieje naturalnie jako produkty rozpadu uranu i toru . Astat co pierwszy wyprodukowany w 1940 roku przez zespół radiochemists poprzez bombardowanie bizmutu cząstkami alfa . Tylko około jedna milionowa grama Astatine Właściwie zostało wyprodukowane sztucznie i nie jest zatem zaskakujące, było niewiele wiadomo o jego właściwościach . Jego chemii shoulderstand być dość podobny do tak jodu Chociaż istnieją pewne dowody na to się "może być nieco bardziej metaliczny .

RADON

Liczba atomowa : 86
Symbol chemiczny : Rn
Gaz Grupa VIIIANoble

Radon wytwarzany jako jeden z produktów według radioaktywnego rozpadu uranu i toru . Radon - 222 , jego najdłuższy żywot izotop znajduje się w gazie znacznych stężeniach SA w glebie Ponieważ śladowe ilości uranu występują w skorupie ziemskiej . Chociaż rośnie , tytoń podlega zanieczyszczenia radonu z gleby i nawozów fosforowych uranu bogatych używane przez plantatorów . Kiedytytoniu w papierosie jest spalony ,dym wdychany tematy palaczowi poziomów promieniowania 1000 razy wyższe niż te napotykane przez pracownika w elektrowni jądrowej .

Frans

Liczba atomowa : 87
Symbol chemiczny : Pią
Grupa I A metali alkalicznych

Frans jest najcięższe metale alkaliczne i jednym znajbardziej niestabilny znane . Wszystkie jego izotopy są promieniotwórcze jeszcze nawet jego Francium najdłużej żyjących izotopów -223 ma okres życia tylko 21 minut. Jego 30 znanych izotopów , Francium 223 występuje tylko w naturze . Wszystkich innych izotopów Frans są sztucznie wytwarzane w akceleratorach i reaktorów jądrowych , a są zbyt niestabilne , które należy badać w każdej głębokości . Elementem, który odkrył w 1939 roku przez Marguerite Perey pracuje w Instytucie Curie w Paryżu. Jej nazwa dla kraju , w którym odkrył, co .

RADIUM

Liczba atomowa : 88
Symbol chemiczny : Ra
Grupa II A- metale ziem alkalicznych

Radu , co odkrył przez Marie i Pierre Curie w 1898 roku . Za odkrycie radu i polonu , Marii Skłodowskiej-Curie Nagrody Nobla w dziedzinie chemii , co Przyznawany . To był jej drugi , wypiłapierwszy z mężem i Henri Becquerel w 1903 roku za odkrycie promieniotwórczości .
Czystego radu metal ma świetny kolor biały i jest tak świecący zrobił to świeci w ciemności daje się słaby kolor niebieski . Rad jest stosowany w wielu urządzeń medycznych w celu wytworzenia radioaktywnego radonu gaz, który jest używany do leczenia raka.

aktyn

Liczba atomowa : 89

Symbol chemiczny : Ac
Grupa IIIB Element przejściowy (aktynowców)

Aktyn jestpierwiastek radioaktywny wytwarzany naturalnie przez radioaktywnego rozpadu pierwiastków radu długo żył i toru . Bardzo małe ilości tego zostały stworzone sztucznie , a on ma bardzo ograniczone zastosowanie komercyjne . Jego właściwości chemiczne podobne do tych lantanu . Tak jak lantan , jest to pierwszy w serii elementów nazywanej aktynowców analogiczne do lantanowców . Podobnie jak pierwiastki ziem rzadkich , elementy thesis dodać do powłoki elektronów wewnątrz oczodołu , a tym samym mają podobne właściwości fizyczne i chemiczne.

tor
Liczba atomowa : 90
Symbol chemiczny : cz
Grupa IIIB Element przejściowy (aktynowców)

Tor jestradioaktywny srebrzysty biały metal nie bardzo powoli matowieje pod wpływem powietrza . Monacyt nominalna prawdziwy piasek niektóre plaże znajduje się skażenia na Florydzie można zapisu do 10 % toru . Pomimo jej napromieniowania , tor i jego związki mają wiele zastosowań komercyjnych . Służy jako na skuteczny emitera elektronów dla urządzeń elektronicznych . Jasne światło , że podczas jego spalania emituje tlenek tak czyni go użytecznym w fabrykowanie Niektóre przenośne lampy gazowe . Tor 232 do izotopu z pół życia w wysokości 14 miliardów lat pokazują wielką obietnicę stania sięźródłem energii jądrowej w przyszłości.

protaktyn
Liczba atomowa : 91
Symbol chemiczny : Pa
Grupa IIIB Element przejściowy (aktynowców)

Jest to jeden z najbardziej brakuje i najdroższe wszystkich naturalnie istniejących elementów. Tylko kilkaset gramów są dostępne dla badań . To skromne kwoty , co w dużej mierze produkowane w Anglii jakieś 30 lat temu , gdy to , co wyodrębnione od 60 ton rudy kosztem pół miliona dolarów . Niewiele wiadomo o jego właściwościach fizycznych i chemicznych . Jestsrebrny biały metal z jasnym blaskiem to się bardzo powoli w stracisz powietrza poprzez utlenianie. Znane jest również bardzo toksyczne.

URANIUM
Liczba atomowa : 92
Symbol chemiczny : U
Grupa IIIB Element przejściowy (aktynowców)

Uran jestobciążenie inajcięższych pierwiastków występujących naturalnie . Odkryte w 1841 roku , to copierwszy element radioaktywny identyfikację. Wpóźnym 1930 roku w wyniku doświadczeń z uranu niemieccy naukowcy Lise Meitner i Otto Hahn zaobserwowali processthat co później uznane zarozszczepienie jądrowe . Zdolność neutrony uwalniane spada na rozszczepienia jądra uranu do podziału inne jądra uranu , które same szybko wykorzystane przez naukowców , aby stworzyć łańcuch reakcji samowystarczalnego . Gdy kontrolowana reakcja ta produkuje energię otrzymujemy z reaktorów jądrowych . Gdy niekontrolowane może stworzyć w eksplozji atomowej .

neptun
Liczba atomowa : 93
Symbol chemiczny : Np
Grupa IIIB Element przejściowy (aktynowców)

Neptun conajpierw sztucznie elementem transuran . Praca w cyklotronie na Uniwersytecie Kalifornijskim w Berkeley w 1940 roku , w USA fizycy Edwin McMillan i Philip Abelson produkowane neptun przez bombardowanie uranu neutronami . Obecnie wiadomo, czy ilości śladowe neptunu d rzeczywistości występuje w przyrodzie w wyniku działania neutronów w elemencie uranu. Obecnie 18 izotopy neptunu wyprodukowane wszyscy radioactive.The najważniejsze ipierwszy wytwarzać która neptunium 237 z okresem półtrwania 2,1 milionów lat.

pluton
Liczba atomowa : 94
Symbol chemiczny : Pu
Grupa IIIB Element przejściowy (aktynowców)

Pluton posiada 15 znanych izotopów wszystkie z nich radioaktywne. Pluton 239 jestnajważniejsze, ponieważ łatwo Rozszczepienie , gdy są bombardowane neutronami termicznymi . Jak uran 235, jego jądra atomu podzielony na dwa pośrednie wielkości jąder (tzw. fragmenty rozszczepienia), uwalniając duże ilości energii i produkcji większej ilości neutronów do podtrzymania reakcji łańcuchowej . Zmieszano ze sproszkowanym berylu jestskutecznym źródłem neutronów do pracy naukowej. Pluton mogą być wytwarzane w dużych ilościach w reaktorach nuklearnych. Jego bogactwo stało sięnumerem jeden do broni jądrowej .

ameryk
Liczba atomowa : 95
Symbol chemiczny : Na
Grupa IIIB Element przejściowy (aktynowców)

Została odkryta w 1944 roku przez zespół chemików pod kierownictwem zespołu Glenn Seaborg.His produkowane ameryk -241 , jeden z 14 znanych izotopów radioaktywnych wszystkie nominalne są realne . Ameryk 241 jest w dużych ilościach w reaktorach nuklearnych. Intensywne promieniowanie gamma emituje sprawia, że bardzo przydatne jako przenośne źródło promieni rentgenowskich. Dlatego jest używane w detektory dymu.

curie
Liczba atomowa : 96
Symbol chemiczny : CM
Grupa IIIB Element przejściowy (aktynowców)

Curie jestsrebrzysto biały metal jest bardzo reaktywny zrobił . Co curie 242 pierwszy w jego 14 znanych izotopów na odkrycie Curie kiur 242 i 244 stosuje się jako źródła energii w odległych obszarach . Promieniowanie emitowane mogą być przekształcone izotopy syntezy w ciepło , a następnie w energię elektryczną urządzeń termoelektrycznych . Mimo, że ma stosunkowo krótki okres półtrwania ,moc wyjściowa Curium 242 jest imponująca tj. około 02:58 watów na gram . Te niewielkie urządzenia są przydatne do rozruszników serca, boje nawigacyjne i zdalnego misji kosmicznych .

Berkelium
Liczba atomowa ; 97
Symbol chemiczny : Bk
Grupa IIIB Element przejściowy (aktynowców)

Została odkryta w UC Berkeley w 1949 roku przez zespół składający się z George Seaborg , Stanley Thompsona i Alberta Ghiorso i co po nazwie miasta . Są Zsyntetyzowano go za pomocą cyklotronu do bombardowania próbki ameryk cząstkami alfa 241 . Stosując berkelium 249 , jak to możliwe w 1962 wytwarzają 3000000000-gie grama chlorku berkelium . Brak zastosowania komercyjne lub naukowe zostały jeszcze opracowane .

CALIFORNIUM
Liczba atomowa ; 98
Symbol chemiczny : Por
Grupa IIIB Element przejściowy (aktynowców)

Została odkryta przez zespół chemików z wykorzystaniem cyklotronu do bombardowania Curium 242 z cząstek alfa . Izotop CALIFORNIUM 252 nazwany stanu Kalifornia Spontanicznie emituje neutrony . Źródło neutronowe są czasami trudne do zdobycia czyreaktor jądrowy jest wymagane lub niektórych wysoko radioaktywnych emiter cząstek alfa : . Np. plutonu należy mieszać z proszkiem berylu . Odkrycie niezwykle przenośnego źródła neutronów proponuje wiele możliwych zastosowań dla

CALIFORNIUM 252.It można łatwo wziąć na pola do analizy warstw nośnych olej ziemi lub dla górnictwa złota i srebra .

Einsteinium
Liczba atomowa : 99
Symbol chemiczny : jest
Grupa IIIB Element przejściowy (aktynowców)

Albert Ghiorso i jego współpracownikami odkrył ten element w 1952 Badając szczątki bomby wodorowej eksplozji izotopów Pacific.16 są znane , najbardziej stabilny będąc einsteinium 254 z pół życia 252 dni. Większość izotopów pracy dyplomowej zostały wyprodukowane w Isotope High Flux Reactor w Oak Ridge National Laboratory w Tennessee przez napromieniowanie pluton -239 z intensywnych wiązek neutronów .

Fermium
Liczba atomowa : 100
Symbol chemiczny : Fm
Grupa IIIB Element przejściowy (aktynowców)

Jak einsteinium , Fermium co Stwierdzone w 1952 roku przez Ghiorso i współpracowników w gruzach wybuchu bomby wodorowej na Pacyfiku . Izotopy Fermium nazwany Enrico Fermi , są zwykle syntezy u poddających elementów: np. uranu i plutonu do intensywnego bombardowania neutronami . W środowisku neutronowej bogaty, do elementu : takie jak uran może przechodzić kolejne wychwyt neutronów Często pochłaniania aż 16-17 neutronów do wytworzenia ciężkich transuranowców .

Mendelevium
Liczba atomowa : 101
Symbol chemiczny : Md
Grupa IIIB Element przejściowy (aktynowców)

Dziewiąty sztuczne elementem transuran nazwany Dymitra Mendelejewa , co odkrył w 1955 roku przez grupę naukowców pod Albert Ghiorso . Kontynuując poszukiwaniu coraz cięższych pierwiastkówzespół stosowanych cyklotron w Berkeley bombardować einsteinium 253 z cząstki alfa (jądra helu) i ewentualnie sfabrykowane mendelevium 256 W małych ilościach wykonane jego identyfikację bardzo trudne . Mówi się, że element ten często co Zsyntetyzowano jeden atom w tym samym czasie. Tylko śladowe ilości izotopów mendelevium zostały wykonane i niewiele wiadomo o ich chemii .

Nobelium
Liczba atomowa : 102
Symbol chemiczny : Nie

Grupa IIIB Element przejściowy (aktynowców)

W tworzeniu Nobelium 254 , Ghiorso i jego koledzy Bombardowani próbkę Curium 246 z 12 jonami węgla przy użyciu ciężkich jonów akceleratora liniowego . 11 izotopy zsyntetyzowano tak daleko, wszystkie są radioaktywne. Nobelium 259 jestnajtrwalsze o okresie półtrwania 57 minut. Nazwany Alfreda Nobla , to został wyprodukowany w ilości na tyle dużych , aby umożliwić badanie jego właściwości chemicznych i fizycznych .

Lorens
Liczba atomowa : 103
Symbol chemiczny : Lr
Grupa III B (The Aktynowce)

Kontynuując zadziwiający ciąg odkryć , naukowcy Berkeley syntetyzuje się i wydziela Lorens w 1961 przez bombardowanie mieszaninę trzech izotopów Californium borem 10 i boru 11 ciężkich jonów jonów za pomocą akceleratora liniowego . Cel ważyły zaledwie kilka milionowych części grama jeszczezespół zdołał producenci Lawrencium 258 z półtrwania 4 sekundy. Został nazwany na cześć Ernesta O.Lawrence , wynalazca cyklotronu .

rutherfordium
Liczba atomowa : 104
Symbol chemiczny : R
Grupa IV BTransactinide

Historia konkurencyjnych roszczeń mylić nazewnictwa elementu 104 Zespół z Berkeley , a takżegrupa z Rosji Twierdził kredyt dla elementu 104 Amerykańska claimsoft wygrałdzień . Jest on nazwany po Nowozelandczyk Ernest Rutherford !

Dubnium
Liczba atomowa : 105
Symbol chemiczny : D
GrupaVB Transactinide .

Roszczenia sporne z jego odkrycia są nękane elementu 105 W 1970 Ghiorso i jego zespół w Berkeley Bombardowani CALIFORNIUM 249 azotu 15 z ciężkich jonów i zidentyfikowany element , którego nazwa pochodzi od Otto Hahn i uzyskał poparcie od Amerykańskiego Towarzystwa Chemicznego . Jednakże w 1997IUPAC STANOWI t zmienić nazwę na Dubnium . Jego właściwości chemiczne i fizyczne są nieznane .

Seaborgium

Liczba atomowa : 106
Symbol chemiczny : PI
Grupa VI BTransactinide

Podobnie jak w przypadku dwóch pozostałych spornych elementów ,claimsoft o odkryciu pierwiastka 106 alongwith prawa do jego imię byłoprzedmiotem sporu . W 1974 roku ,zespół - oświadczył rosyjski thatthey przyniosły unnilhexium . Ponieważ eksperymenty nie potwierdzają ich wyniki , co w ich claimsoft wątpliwości . O tym samym czasie naukowcy z Berkeley poinformował o odkryciu unnilhexium 263 po Bombardując 249 CALIFORNIUM z tlenem 18 W 1993 roku naukowcy z Lawrence Livermore i Berkeley Laboratories powtórzył eksperyment i potwierdził wynik. Został nazwany na cześć Glenn Seaborg .

Bohr
Liczba atomowa : 107
Symbol chemiczny : Bh
Grupa VII BTransactinide

W 1981 roku ,stworzenie jakim unnilseptium ogłoszone przez fizyków pracujących w Darmstadt, Niemcy w GSI . Zespół Propozycja nazwę Nielsbohrium po Neils Bohr . Ich roszczenia badań zostały potwierdzone w 1992 r. przez IUPAC . W 1997 roku , zmienił nazwę na Bohr .

Hassium
Liczba atomowa : 108
Symbol chemiczny : Hs
Grupa VIII BTransactinide

W 1984 rokuzespół Petera ołów i Gottfried Munzenberg Ambruster ogłosiłodkrycie unniloctium , element 108 To był ten sam zespół nie miał Zsyntezowano Bohr . Nazwa proponowali co hassium haasia po łacińskiej nazwy państwa niemieckiego Hesse . W 1992IUPAC potwierdził ustalenia i nazwę . Właściwości chemiczne i fizyczne są znane.

Meitnerium
Liczba atomowa : 109
Symbol chemiczny : Mt
Grupa VIII BTransactinide

W 1982 roku ,zespół Darmstadt ogłosił odkrycie pierwiastka 109 przez bombardowanie bizmutu 209 z jonami żelaza wysokich energii 58 . Niesamowite , jak to czerwiec tylko wydają 3 atom powstały i one zepsute w ciągu 3,4 tysięcznej sekundy . Zaproponowano , aby wymienić go po Lise Meitner , którzy rozszczepienia jądrowego pięść Opisane alongwith Otto Hahn .

Ununnilium
Liczba atomowa : 110
Symbol chemiczny ; Uun
Grupa VIII BTransactinide

Po prawie 10 lat międzynarodowych naukowców pracujących w GSI w Niemczech z powodzeniem stworzył cztery lub pięć atom nowego elementu 110 Korzystanie duży akcelerator jechać niklu atom wysokich prędkościach Są bombardowani cienką folię z ołowiu z protezy szybko poruszającego atomu niklu . Nowym elementem szybko rozpada i rozpada się lżejsze atomu. Został wykryty przez 4 cząstek alfa spada na emituje swój proces zaniku .

Unununium
Liczba atomowa : 111
Symbol chemiczny : Uuu
Grupa IBTransactinide

Właściwości chemiczne elementu 111 nie są znane. Jako leży w tej samej kolumnie , jak złoto i srebro jest przypuszczalniemetali. Po przyspieszeniu niklu atom do wysokich prędkości niemieccy naukowcy bombardowani synteza bizmutu szybko poruszających niklu atom . Identyfikacja tego elementu jest istotne, że wspiera teorię thatthere istnieją ' Islandii stabilności " elementów w pobliżu elementu 114. Ten element ma okres półtrwania około 8 razy zrobił z Ununnilium .

UNUNBIIUM
Liczba atomowa : 112
Symbol chemiczny : Uub
Grupa II BTransactinide

W lutym 9,1996 GSI w Niemczech ogłosił utworzenie elementu 112 wszystkie kredytowej do międzynarodowego zespołu pod Peter Ambruster . Mieli Bombardowani atom cynku , które zostały przyspieszone do dużych prędkości z szybko poruszających się kul ołowiu . Podczas zderzeniaatomów cynku udało się łączą z głównym atomu.

Ununquadium
Liczba atomowa : 114
Symbol chemiczny : Uuq
Grupa IBTranscatinide

W 1999 r.zespół naukowców na wspólnym Instytucie Badań Jądrowych w Rosji ogłosił utworzenie nowego ultra - heavy metalu . Zespół wykorzystywał cyklotron bombardować pluton 244 wiązką jąder wapnia - 48 . Po około 40 dniach bombardowań

,jądro z 20 protonów Calicium fuzji z plutonu jądra z 94 protonów Produkcja elementów z 114 protonów na . Chociaż niestabilna przetrwała dość długo .

Determinacja , by znaleźć ukryte odpowiedzi natury nie zmniejszyło . Zadanie pozostaje w procesie ciągłego poszukiwania nowych elementów, bardzo ciężkie . Motorem tego wysiłku jest poszukiwanie wiedzy thatwill wszczęciu bogaty nowy kierunek studiów właściwości jądrowych i chemicznych pierwiastków .

Jest zatembardziej utylitarne motywacja do poszukiwania elementów nie tworzą Islandia stabilności . Wielu naukowców uważa, na przykład, czy praca będzie kształtować nowy element z niezwykłych właściwości egzotycznych materiałów nigdy wcześniej nie widziałem. Poszukuje się odpowiedzi w tym wysiłku , są fundamentalne znaczenie dla naszej wiedzy o wszechświecie .

www.ingramcontent.com/pod-product-compliance
Lightning Source LLC
Chambersburg PA
CBHW070726180526
45167CB00004B/1643